Bibliografische Information der Deutschen Nationalbibliothek:

Die Deutsche Bibliothek verzeichnet diese Publikation in der Deutschen National-
bibliografie; detaillierte bibliografische Daten sind im Internet über http://dnb.d-
nb.de/ abrufbar.

Impressum:

Copyright © 2018 GRIN Verlag
Druck und Bindung: Books on Demand GmbH, Norderstedt Germany
ISBN: 9783668990289

Dieses Buch bei GRIN:

https://www.grin.com/document/492975

Steve Flamme

Filme und die Faszination ihrer Drehorte. Eine Geographie des Filmtourismus

GRIN Verlag

Universität Passau

Lehrstuhl für Regionale Geographie

Hauptseminar Geographie, Macht und Medien

Wintersemester 2018/2019

Filme und die Faszination ihrer Drehorte

Eine Geographie des Filmtourismus

Abgabetermin: 17.12.2018

Steve Flamme

Lehramt Gymnasium Geographie/Deutsch

5. Fachsemester

Abbildungsverzeichnis

Inhalt

1. Einleitung

Tourismus basiert zu einem bedeutenden Teil auf der Suche nach einer exotischen und einzigartigen Konsumerfahrung, die an den jeweiligen Herkunftsorten so nicht vorzufinden ist, und einer Möglichkeit der Distanzierung vom Alltag.

- POTT, 2014

Man stößt immer wieder auf Parallelen zwischen dem Tourismus und der Filmkunst. Das eine ist nicht nur die Folgeerscheinung des anderen. Denn Tourismus und Filmkunst versuchen den Menschen neue Seiten und neue Orte unserer Welt zu vermitteln. Diese Verbindung erkennt man bereits an dem Zitat von Pott. Wenn man das Wort „Tourismus" durch das Wort „Film" ersetzen würde, würden die meisten Menschen der Definition weiterhin zustimmen.

Doch diese wissenschaftliche Arbeit hat nicht das Ziel eines Vergleiches der Gemeinsamkeiten zwischen den beiden Bereichen Film und Tourismus, sondern versucht sich an einer Bewertung der durch deren Zusammenwirken entstehenden wirtschaftlichen Dynamik.

Im Zentrum dieser Arbeit steht dementsprechend die Frage, welche Folgen und welches Potential der Filmtourismus für die Inwertsetzung von Regionen und Ländern hat.

Dafür muss an erster Stelle dargestellt werden, welche Arten und Unterscheidungsmöglichkeiten von Filmtourismus es gibt und wo potenzielle Grenzen gezogen werden müssen. Für eine argumentative Betrachtung der Vermarktung von Drehorten müssen zusätzlich die intrinsischen Motivationen von Filmtouristen und die daraus folgenden Erwartungen untersucht werden. Denn nur wenn Destinationen die vorhandenen Erwartungen ihrer Besucher erkennen, können sie Maßnahmen treffen, um eben jene zu erfüllen.

Ein wichtiger Faktor wird bei einer rein wirtschaftsorientierten Analyse meist vernachlässigt, welcher im Rahmen einer geographischen Betrachtung unter keinen Umständen außer Acht gelassen werden darf. Es handelt sich dabei um die entstehenden ökologischen Probleme und Belastungen, welchen sich die Regionen durch den Filmtourismus ausgeliefert sehen.

Unter Berücksichtigung all dieser Beschreibungspunkt werden schließlich die wirtschaftlichen Aspekte der Thematik näher betrachtet. Im Fokus stehen dabei die teilhabenden Akteure, Sonderfälle wie Only-Theme-Destinations und schließlich Rahmenbedingungen und Konditionen der filmtouristischen Zusammenarbeit von Destination Managment Organisations und Filmproduzenten.

Schlussendlich sollen all diese Kapitel der wissenschaftlichen Arbeit an zwei konkreten und gleichzeitig sehr unterschiedlichen Beispielen angewendet werden. Es handelt sich dabei um eine genauere Betrachtung der beliebten Drehorte Neuseeland und Island. Ausgehend von allen vorherigen Kapiteln werden die Einflüsse auf jene Destinationen thematisiert und die Umsetzung und die Probleme schlussendlich bewertet.

2. Versuch einer Abgrenzung des Filmtourismus

Bevor man sich dem Filmtourismus auf ökologischer, wirtschaftlicher oder gesamtheitlicher Ebene nähert, muss man zuallererst einen groben Rahmen schaffen. Wie jedes größere Feld der Geographie, braucht auch der Filmtourismus eine klar definierte Abgrenzung. Doch bereits hier stößt man auf ein immer wiederkehrendes Problem bei der Thematisierung dieses Tourismusaspekts. Denn es handelt sich hierbei um ein vielfach diskutiertes und von manchen Professoren/innen sogar angefochtenes Feld der Tourismusgeographie. Aus diesem Grund befasst sich dieses Kapitel mit dem Versuch einer nachvollziehbaren Abgrenzung.

Zuallererst muss man eine grundlegende Einteilung vornehmen, welche bereits bei gröberer Betrachtung auffällt. Der Filmtourismus spaltet sich in zwei Geographiekomplexe, nämlich in den Landschaftstourismus und in den Kulturtourismus. Der Landschaftstourismus bezieht sich hierbei natürlich auf die mit Filmen in Verbindung stehenden Landschaften, Ökosysteme und sonstige natürlich vorkommende Räume. Der kulturtouristische Aspekt hingegen beschäftigt sich demzufolge mit der Entstehung eines filminduzierten Tourismus in Städten und anderen künstlich von Menschen geschaffenen Räumen, sowie deren Geschichte und kulturellen Hintergründen.

Bei den beiden hier aufgezeigten Varianten muss jedoch nicht die Realität oder die tatsächliche Kultur im Mittelpunkt stehen. Ein Tourist kann bei der Betrachtung einer landschaftlichen Kulisse auch das eigentlich zu Sehende ausblenden und stattdessen lediglich die Assoziation zum im Film Gesehenen erkennen. Beeton formuliert dieses Phänomen in ihrem Buch wie folgt:

> "Tourism, by its very nature, involves daydreaming and the anticipation
> of different experiences, and this suggests that it is the image in a
> tourist's mind that is the most powerful motivator."[1]

Der Tourist hat in manchen Situationen also bereits schon ein ganz spezielles Bild der Sehenswürdigkeit vor Augen, welches er vor Ort so gut wie möglich bestätigt sehen will.

Als Beispiel kann man hierbei den Mt. Taranaki in Neuseeland hinzuziehen. Es ist möglich, dass ein Filmtourist diesen Berg nicht als eben jenen Mt. Taranaki wahrnimmt, sondern lediglich als den im Film *Der Hobbit* thematisierten „Einsamen Berg", welcher Ziel der Filmhandlung ist. Der eigentliche, natürliche Ort ist also austauschbar und erhält erst durch die Verbindung mit der Fiktion seinen Status als Sehenswürdigkeit.

Abbildung 1 Mount Taranaki (http://beautifulplacestovisit.com/mountains/mount-taranaki-new-zealand/ letzter Zugriff: 05.12.2018)

---

[1] (BEETON 2005, 26)

Äquivalent kann man diesen Sachverhalt auf den kulturtouristischen Teil des Filmtourismus anwenden. Auch hierbei kann ein Zuschauer eine bestimmte Stadt oder eine Sehenswürdigkeit besuchen, ohne an diesem realen Ort interessiert zu sein. Erneut möchte ich dies mit einem Beispiel näher erklären. Dazu ziehe ich den Film *The First Avenger: Civil War* hinzu[2]. Dieser spielt in einer Szene in der U-Bahn-Station ICC Messegelände im Westen von Berlin. Ein durch den Filmtourismus motivierter Besucher interessiert sich möglicherweise auch hier wieder nicht für den eigentlichen U-Bahn-Tunnel und dessen Hintergründe, sondern nur für die fiktive Umsetzung im Film, ohne den der Standort kein Interesse wecken würde. Es muss jedoch hinzugefügt werden, dass dies selbstredend nicht immer der Fall ist. Viele Touristen interessieren sich ebenso für den tatsächlichen Ort und wollen mehr über dessen Hintergründe und seine Geschichte erfahren. Bei einer solchen Makroeinteilung in kultur- und landschaftstouristischen Teil musste dieser Sachverhalt jedoch thematisiert werden, um die Besonderheiten bei der Betrachtung filmtouristischer Standorte aufzuzeigen.

Nach der Unterscheidung in kultur- und landschaftstouristischen Filmtourismus muss man noch eine weitere wichtige Unterteilung vornehmen, um den Filmtourismus genau einteilen zu können. Hierbei wird die Einteilung nach Steinecke hinzugezogen, welcher die Standorte des Filmtourismus in On Locations und Off Locations genauer einteilt.[3]

2.1 On Locations

Das Hauptmerkmal einer On Location ist das Vorkommen im Film. Die Szenerie oder Stadt wird also in mindestens einer Szene des Films aktiv gezeigt. Nicht unbedingt mit ihrem eigenem realen Kontext, aber sie kommt dennoch visuell vor. Dabei spielen etwaige Veränderungen wie geringere Umbauten, Bemalungen oder Deko keine Rolle. Jedoch reicht dieser Aspekt für die eindeutige Kategorisierung noch nicht aus.

Warum kann man gut am Beispiel der Universal Studios erkennen. Die riesigen, existierenden Drehhallen sind ebenso visueller Drehort zahlreicher Szene in Filme. Jedoch gehören sie trotzdem nicht zu den On Locations. Ein weiterer wichtiger Aspekt von On Locations ist nämlich die Natürlichkeit und die Entstehung ohne filmischen Einfluss. Das bedeutet, zu einer On Location kann nur all das zählen, was bereits vor Drehbeginn existent war und in seiner Entstehungsgeschichte nicht durch filmwirtschaftliche Interessen beeinflusst wurde. Erst wenn auch das erfüllt ist, kann man die Einteilung in eine On Location vornehmen. Zu einer On Location kann somit jede Stadt, Landschaft oder allgemeine Kulisse werden, welche Standort von Dreharbeiten war und in ihrer Entstehungsgeschichte keinen filmwirtschaftlichen Bezug aufweist. Für Filmproduzenten haben On Locations einen besonderen Stellenwert, denn sie können gewisse Filmstimmungen unterstützen oder dem gesamten Film eine höhere Authentizität verschaffen. „Häufig dienen diese realen Orte nicht nur als austauschbare Kulisse, in der die Schauspieler wie in einem Studio-*Set* agieren,

---

[2] (WELCH 2017 - Online)
[3] STEINECKE 2016, 24)

sondern sie werden auch dramaturgisch mit der *Storyline* und den *Charcters* verknüpft"[4]. Wie bereits zuvor angesprochen, wird als Folge der Dreharbeiten die On Location nicht mehr nur mit ihrer realen Geschichte betrachtet, sondern es werden ebenso bestimmte Handlungsstränge, Personen und Stimmungen des Films mit dem Ort assoziiert, was bedeutenden Einfluss auf die potenzielle Vermarktung dieses Standortes hat. Als praktisches Beispiel für eine solche On-Location soll die Produktion des Films *James Bond 007: Spectre*

in Österreich dienen. Im Detail handelt es sich dabei um die Tiroler Orte Sölden, Altaussee und Obertilliach. Filmvisuell hat man diese Region mit guten Gründen gewählt. Im Drehbuch war eine Actionsequenz in einer Bergregion vorgesehen. Nach längeren Verhandlungen hielt man schließlich diese drei Regionen in Tirol

Abbildung 2 James Bond Dreharbeiten Obertilliach (GRODER 2017 https://www.blog.tirol/2015/10/james-bond-tirol-drehorte/ letzter Zugriff: 29.11.2018)

mit ihren wunderbaren Bergpanoramen für geeignet. Es erfüllt damit die Voraussetzung, dass es im Film vorkommen muss, und gleichzeitig war diese Naturregion natürlich auch schon bereits vor der Drehplanung existent und entstand ohne kommerzielle Verbindungen. Somit können wir anhand der gegebenen Kriterien eindeutig festlegen, dass es sich hierbei tatsächlich um eine On-Location handelt.

2.2 Off Locations

Im Kontrast zu der eigentlichen Natürlichkeit der On Locations, stehen die Off Locations eher für eine stark mit der Wirtschaft verbundene Synthetik des Standortes. Bei den Off Locations handelt es sich in den meisten Fällen nicht um Drehorte. Doch wie bei den On Locations reicht diese eine Abgrenzung nicht zur eindeutigen Bestimmung. Bei den Off Locations handelt es sich zudem um künstlich errichtete Attraktionen, welche direkt zum Zweck der aktiven Vermarktung erbaut wurden. Ein gutes Beispiel dafür sind zum einen die Universal Studios in Orlando, Florida oder auch eines der diversen Disneylands. Der Erfolg dieser Standorte basiert einzig und allein auf der Vermarktung eines oder mehrerer Filme, ohne welche diese Locations gar nicht existieren würden. Jedoch ist der Erfolg eines solchen

---

[4] (STEINECKE 2016, 25)

Projektes nicht immer gewährleistet. Ein Beispiel für das Scheitern ist das Fox Studio Backlot, welches bereits nach nur zwei Jahren wieder schließen musste[5]. Jedoch stellt dies eher die Ausnahme dar, erfreuen sich doch die meisten Off Locations größter Beliebtheit und können jedes Jahr höhere Besucherzahlen verbuchen. Daran kann man auch erkennen, welches große Potential hinter der Vermarktung von jeglichen Filmdestinationen steckt. Eine weitere bedeutende Kategorie innerhalb der Off Locations ist ebenso Tourismus bezogen auf das Privatleben von Schauspielern. Auch deren Villen, welche auf dem Erfolg der Filme basieren, zählen bei touristischer Erschließung zu solchen Off Locations. Denn auch hier ist die direkte Verbindung zu erfolgreichen Filmen der Auslöser solches Tourismus.In dieser Hausarbeit soll es jedoch aufgrund der Ausgangsfrage, welchen Einfluss Filmtourismus auf eine bestimmte Region haben kann, primär um die On Locations gehen. Denn unter dem Betrachtungspunkt einer natürlichen Region und deren Vor- bzw. Nachteile durch den Filmtourismus, spielen Off Locations eine sehr geringe bis gar keine Rolle. Nichtsdestotrotz mussten für eine hinreichende Abgrenzung auch die Off Locations erläutert werden und auch an dem Spezialfall der Location Placements kann man die regionalen Auswirkungen von Filmtourismus direkt nachweisen.

2.3 Location Placement am Beispiel von Juzcar

Seit 2010 entwickelt sich immer stärker eine Unterkategorie innerhalb von Off Locations, welche ihren Anfang bei dem kleinen, ehemals weißen Dorf Juzcar in Andalusien hatte. Dort wurde von Sony das Prinzip des Location Placement erstmals großflächig umgesetzt, welches

seitdem von vielen Filmfirmen mehrfach adaptiert wurde. Sony hat nämlich in diesem Dorf, einem der vielen „Pueblo Blanco", eine umfangreiche Kampagne für ihren Film *Die Schlümpfe* gestartet, indem sie das (beinahe) gesamte Dorf mit Einwilligung der

Abbildung 3 Juzcar, Pueblo Pitufo (ANDRADES 2014 http://pinceladasactuales.blogspot.com/2014/02/juzcar-pueblo-pitufo.html letzter Zugriff:

[5] (vgl. Beeton 2005, 16)

Bewohner blau streichen ließen.

Juzcar selbst kommt im Film in keiner einzigen Szene vor. Es ist also kein Drehort und wurde von einem großen Unternehmen nachträglich durch umfangreiche Arbeiten für diesen Film touristisch erschlossen. Somit kann diese Location eindeutig in die Kategorie der Off-Locations eingeordnet werden. Trotzdem muss man diesen Fall als Sonderform bezeichnen, weil hier der betreffende Filmkonzern nicht direkt an den nachfolgenden touristischen Einnahmen beteiligt wird und alle Maßnahmen von den Bewohnern und der betroffenen Region getroffen werden, anders als z.B. bei Disney Land. Sony suchte 2010 nach einer möglichen Destination in Europa, um dort ihren Film *Die Schlümpfe* möglichst medienwirksam vorzuführen und zu bewerben. Dafür wollte man eben eines dieser Dörfer vollständig blau streichen und die Wahl fiel schließlich eben auf dieses Dorf Juzcar. Nach der Vorführung war es eigentlich vertraglich geregt, dass alle Häuser im Anschluss wieder weiß gestrichen werden sollen. Die Bewohner des Dorfes sprachen sich jedoch mehrheitlich gegen diese Klausel aus. Sie mochten die neue Farbe und sahen das touristische Potential hinter diesem Standort.

Denn die Kampagne brachte nicht nur Sony mehr Zuschauer für ihren Film, sondern hob Juzcar touristisch von der ganzen Region ab und machte es zu einer der einmaligsten Attraktionen in Andalusien. In den Anfangsjahren kamen ca. 70.000 Besucher/Jahr und bis zum 28.Februar 2017 waren es insgesamt 335.942 Besucher.[6]

In der Anfangszeit waren die Bewohner stark überfordert mit diesem Besucherstrom, konnten sich in den folgenden Jahren jedoch immer stärker daran anpassen. In mehreren Schritten wurde die touristische Erschließung geplant. Als erstes wurde ein Tourismusbeauftragter bestimmt, welcher alle nachfolgenden Entwicklungen managen sollte. Als ersten Schritt musste man die Infrastruktur tourismusgerecht ausbauen.

> „Daraufhin wurden Schilder für Parkplätze angebracht, Leerstände
> wurden wieder nutzbar gemacht und neue (touristische) Geschäfte,
> Gastronomie und Beherbergungsbetriebe wurden eröffnet."[7]

Des Weiteren wurden Attraktionen mit Schlumpf Figuren, ein Schlumpfkiosk und ein Schlumpfmuseum innerhalb des Dorfes eingerichtet. Doch nicht nur Juzcar selbst wird aufgewertet, sondern auch die darum gelegene Landschaftsregion profitiert. Man vermarktet dazu nämlich Canyoning, Wanderrouten und auch Informationswege in gesamten Großraum. Zwischenzeitlich kam es zu schweren Streitigkeiten mit den belgischen Copyright-Inhabern des Schlumpfcomics. Denn die Bürger das Schlumpfdorfes wurden gar nicht oder zumindest nur sehr ungenügend über etwaiges Urheberrecht aufgeklärt, welches im Zuge von Souvenirs und Bemalungen mehrfach gebrochen wurde. Unter Hilfe von Sony konnte man schließlich

---

[6] (vgl. ARNOLD; VAN LESSEN 2018, 106)
[7] (vgl. ARNOLD; VAN LESSEN 2018, 106 f.)

doch alle vorliegenden Probleme mit den eigentlichen Urhebern klären und ist zu einem beiderseitigen Einverständnis gekommen. Juzcar darf weiterhin als Schlumpfdorf agieren und werben, im Gegenzug dazu dürfen sie aber ausschließlich von den Urhebern produziertes Souvenir verkaufen und diese werden auch an allen anderen Einnahmen durch den Tourismus prozentual beteiligt.

Insgesamt hat sich diese filmtouristische Vermarktung aber deutlich positiv auf das Dorf ausgewirkt. Es wurden zahlreiche Arbeitsplätze geschaffen, zum Teil so viele das Menschen aus anderen Dörfern nach Juzcar zum arbeiten kommen. Die Lebensstandards haben sich dahingehend deutlich verbessert das die Menschen ein höheres Einkommen haben, und das ihre Häuser intensiv renoviert und auch restauriert wurden. Die Leerstände im Dorf wurden vollständig wieder aufgebaut und werden nun touristisch oder auch wieder als Wohnhäuser genutzt. Im Zuge dessen wurde zudem auch die Infrastruktur wieder ausgebaut, so dass es nun mehr und besser ausgebaute Straßen gibt, um welche sich regelmäßig von der spanischen Regierung gekümmert wird.

Somit muss man festhalten, dass der Filmtourismus gerade im Bereich des Location Placement einen großen Einfluss hat. Im Fall von Juzcar wurde aus einem wirtschaftlich schlecht aufgestellten Dorf eine Siedlung mit beinahe keiner Arbeitslosigkeit und einem überdurchschnittlichen Lebensstandard im regionalen Vergleich.

> „Vor den Schlumpffilmen war Juzcar aus seiner [ehemaliger Bürgermeister] Sicht ein deprimierendes Dorf, und die demografische Entwicklung war rückläufig. (…). Seiner Meinung nach ist das Dorf jetzt weltbekannt, überall wird über Schlumpfhausen in Andalusien berichtet. Jetzt ist es ein Dorf mit Perspektive, es ist ein Dorf, in dem man sein und leben möchte (…).“[8]

---

[8] (ARNOLD; VAN LESSEN 2018, 114)

3. Motivationen und Erwartungen von Filmtouristen

Um einzelne Standorte auf der Basis ihres filmtouristischen Potenzials bewerten zu können, müssen zudem die unterschiedlichen Herangehensweisen der Touristen an den Filmtourismus erläutert werden. Denn Filmtourismus ist nicht gleich Filmtourismus. Und an diesem Punkt muss für eine wissenschaftliche Betrachtung eine Trennung vorgenommen werden, welche in der Realität aber verschwimmt. Das ist die Trennung zwischen dem filmisch induzierten Tourismus an den realen Orten, mit dem Ziel diese realen Welten zu betrachten und auf der anderen Seite der fiktive Tourismus, welcher darauf abzielt dem grundsätzlichen Drehort und der fiktiven Welt geographisch ein Stück näher zu kommen.

Man merkt hier auf den ersten Blick, warum die Abgrenzung sehr schwer ist. Denn der Großteil der Filme spielt nicht im fantastischen, sondern versucht die Realität wiederzugeben. Der Film kann also durch fiktive Handlungen die tatsächlichen Orte und deren Kultur thematisieren. Als Beispiel soll hierbei der Film *Braveheart* (1995) dienen. Der Film beschreibt den Widerstandskampf des schottischen Freiheitskämpfers William Wallace, welcher für die Unabhängigkeit seines Landes von England kämpft. Innerhalb des Films kommen selbstverständlich auch die schottische Kultur, ihre Besonderheiten und ihre Unterschiede zu England vor. Jedoch wird aus dramaturgischen Gründen vieles sehr überspitz dargestellt, was in den meisten Filmen praktiziert wird. Auch wenn William Wallace[9] tatsächlich existiert hat, wird man nur wenige Spuren seines Wirkens beim Tourismus in Schottland spüren. Nun ist es für eine empirische Studie schwer nachzuweisen, ob die Touristen Schottland wegen der Attraktivität des Landes und der Kultur bereisen, oder ob sie in den Fußstapfen von William Wallace wandeln wollen und die Geschichte aus *Braveheart* nacherleben möchten.

Aus diesem Grund ist eine vollständige Abgrenzung zwischen dem Fiktionstourismus und dem Realitätstourismus in der Forschung nicht möglich. Manche Forscher gehen sogar davon aus, dass gerade diese Mischung aus Realität und Fiktion die Motivation von Touristen ausmacht. Buchmann formuliert dies wie folgt: „In fact, many participants seemed eager to test the connection between imagination and geographical places by physically traveling to the film location(s) (…)."[10]

Für eine theoretische Betrachtung innerhalb dieses Kapitels werden allerdings die beiden möglichen Maxima miteinander verglichen.

Der realitätsinteressierte Tourist kann schwer von anderen, normalen Touristen unterschieden werden, welche nicht durch Filme motiviert wurden. Er wurde durch einen oder mehrere Filme auf eine Stadt oder eine Landschaftsregion aufmerksam und hat den Entschluss gefasst, diese Region touristisch zu bereisen.

---

[9] (MYTHISCHES ENGLAND o.J. - Online)
[10] (BUCHMANN 2010, 79)

Seine Motivation liegt also darin, die dem Film zugrunde liegende Realität zu entdecken oder lediglich den vorkommenden physischen Raum zu erkunden. Aus diesen Motivationen ergibt sich auch die zentrale Erwartung jener Touristen.

Dies ist die Authentizität der Region. Sie wollen die Realität so authentisch wie möglich erleben, ohne Einflüsse der Filmindustrie zu spüren. Diese Art von Filmtouristen möchte weniger etwas über die Entstehung des Films auf ihrer Reise vermittelt bekommen, sondern die eigentliche Kultur der Region entdecken. Das dadurch entstehende Repertoire von Aktivitäten reicht vom Wandern in der Landschaft bis hin zum Austesten der Kulinarik des Drehortes. Sie zeigen kein Interesse für Hintergrundinformationen bezüglich der Dreharbeiten, sondern möchten die im Film vermittelten Kulturen und Landschaften näher kennen lernen. Sie möchten nicht das sich die Region an den Film und die Vermarktung des Films anpasst, sondern sie erhoffen sich das der Film sich so gut wie möglich an die gegebene Umstände angepasst hat und die Realität möglichst detailgetreu wiedergibt. Regionen deren Touristen zum großen Teil zu diesem Typ gehören, sollten jenen somit so gut wie möglich in der Freiheit der Erkundung unterstützen. Das bedeutet, es sollten Wanderwege eingerichtet, sauber gehalten und auch gut ausgeschildert werden. Die Einrichtung von Nationalparks und Naturschutzgebieten sollte in Erwägung gezogen werden. In den Städten sollte man so viel der eigenen Kultur wie möglich präsentieren und auch keine Scheu besitzen, den Touristen so authentisch wie möglich in die eigenen Gebräuche und Sitten einzuführen. Kulinarisch sollte man typisch lokale Speisen anbieten, aber auch internationales Gerichte für jedermann. Die Infrastruktur sollte einen Konsens finden zwischen starken Ausbau und gleichzeitig auch Schutz der Natur. Denn wenn jene Regionen ihre eigene Kultur und Landschaft vernachlässigen, wird sie immer unattraktiver für eine solche touristische Vermarktung.

Vollständig davon abweichende Erwartungen haben jene Touristen, die aus einem gesteigerten Interesse an dem Film und den Dreharbeiten eine bestimmte Region besuchen. Jene wollen, einfach ausgedrückt, ein Abenteuer auf den Spuren des jeweiligen Filmes erleben. Aus diesem Grund sollten solche Regionen so gut wie möglich versuchen, die Touristen vom ersten Augenblick an in diese fiktive Welt eintauchen zu lassen. Es sollten Themenführungen oder Thementouren eingerichtet werden, die Region sollte auch nach außen hin versuchen ein Abbild des im Film thematisierten Standortes zu werden. Diese Sorte Touristen erlebt ihren Aufenthalt auf einer sehr emotionalen Ebene[11], denn sie haben emotionale Verbindungen zu den Charakteren und der Handlung des Films bereits aufgebaut. Stefen Rösch, inzwischen eine Autorität auf dem Gebiet des Filmtourismus, beschreibt es wie folgt: „der Besuch von Drehorten [ist] für die Fans oft ein äußerst emotionales Erlebnis (…), das von stiller Andacht bis zu extremen Gefühlsausbrüchen reichen kann."[12]

So sollten vor im Film vorkommenden Gebäude Informationstafeln aufgestellt werden, welche einen möglichen Vergleich zwischen der Filmszene und der Realität darstellen. Die Tourguides in der Region sollten mit möglichst unbekannten Informationen über die

---

[11](Hotel und Touristik Nr. 10/2015, 8f.)
[12] (Hotel und Touristik Nr. 10/2015, 9)

Schauspieler und die Dreharbeiten aufwarten können. Die Guides sollten so gut wie möglich mit den Filmen und den Hintergründen vertraut sein.

> „It was an understandable expectation that the leader and guide(s) would be able to "point out the various places were filming took place" (Q o68 preNW2). Factual knowledge by the guide was important for this."[13]

Nach den vorhandenen Möglichkeiten sollten die Drehorte versuchen bereits während der Dreharbeiten Film- und Informationsmaterial zu sammeln, welches sie nach dem Erfolg des Filmes den Touristen zur Verfügung stellen können. Eine besonders effektiver Weg der Vermarktung ist, wenn man Audio Guides und Erklärungen zu Drehorten von den Schauspielern selbst einsprechen lässt. Dadurch erscheint dem Besucher die Nähe zum Film noch stärker. Aufgebaute Sets sollten nach Möglichkeit von der Region gekauft und so modernisiert werden, dass sie potenziellen Besuchern mehrere Jahrzehnte zur Verfügung stehen.

Die Möglichkeiten der Vermarktung in diesem Bereich sind so diversifiziert und verschieden, wie es auch die Drehorte sind. Aus diesem Grund sollten nur einige wenige Möglichkeiten hier aufgezeigt und verdeutlicht werden, es gibt selbstverständlich noch viel mehr.

Wie auch bereits am Anfang dieses Kapitels beschrieben, vermischen sich diese beiden Formen der touristischen Motivation in der Realität. Ziel war es lediglich, die große Bandbreite an möglichen Motivationen und den jeweiligen Erwartungen aufzuzeigen. Für die konkrete Umsetzung anhand von Fallbeispielen und eventuellen Problemen verweise ich auf Kapitel 6 – Gesamteinfluss des Filmtourismus auf dessen Drehorte.

---

[13] (BUCHMANN 2010, 80)

4. Filme als Auslöser ökologischer Belastungen

In vielen Publikationen werden die naturräumlichen Auswirkungen von Filmtourismus außeracht gelassen, da man sich meist ausschließlich mit den wirtschaftlichen Faktoren und deren Einfluss auf die Region befasst. Jedoch darf bei einer objektiven Betrachtung des filmtouristischen Potenzials für einen Drehort auch dieser Punkt niemals vernachlässigt werden, gerade wenn es aus einem geographischen Blickfeld betrachtet. Denn mit dem Anstieg der Besucherzahlen in bestimmten, vorher touristisch weniger erschlossenen Regionen geht auch ein deutlich erhöhter ökologischer Eingriff einher. Dabei befasst sich dieser Abschnitt lediglich mit den gehäuft auftretenden Problemen, während mögliche Lösungsstrategien später bei den konkreten Fallbeispielen Neuseeland und Island (Kap. 6) aufgezeigt werden.

Auf den Kulturtourismus wirken hierbei die offensichtlicheren Belastungen, jedoch sind sie bezogen auf den Filmtourismus schwieriger empirisch nachzuweisen. Die erwähnten Belastungen entstehen direkt in Folge der steigenden Besucherzahlen. Für eine konkrete Betrachtung das Anstiegs soll hierzu die Stadt Dubrovnik hinzugezogen werden. In dieser Stadt sind die Besucherzahlen nach Drehbeginn der Erfolgsserie *Game of Thrones* rasant angestiegen. Dubrovnik dient mehreren fiktiven Orten als Drehort. Im Jahr 2010, vor dem Beginn der Dreharbeiten, gab es 2,2 Mio. Übernachtungen in

Abbildung 4 Dubrovnik Vergleich Realität und Serie "Game of Thrones" (https://www.kingslandingdubrovnik.com/ letzter Zugriff: 12.12.2018)

den Hotels der Stadt. Fünf Jahre später, mitten in der Hochphase der Serie *Game of Thrones* stieg diese Zahl um 50% auf 3,3 Mio. Übernachtungen im Jahr.[14] Diese vielen Touristen brauchen in den meisten Fällen ein Verkehrsmittel, um zu den jeweiligen Attraktionen in der Stadt zu kommen, wodurch die Abgase in der Stadt steigen. Die wenigsten Touristen nutzen öffentliche Verkehrsmittel, sondern kommen mit dem eigenen Auto oder mieten sich eines vor Ort. Dadurch wird auch die Fahrzeugdichte in dieser Region höher, was zu mehr Unfällen und auch Staus führt. Als direkte Folge von mehr Staus entsteht wiederrum noch mehr Abgas in der Stadt, was die Luftbelastung durch Feinstaub und CO_2 zum Teil drastisch erhöht.[15]

---

[14] (Quelle: Dubrovnik Tourist Organisation)
[15] (vgl. STEINECKE 2013, 144)

Diese Kausalkette ist jedoch nicht nur für Dubrovnik empirisch schwer nachzuweisen, da wir hier im Allgemeinen oft von kleineren Ortschaften sprechen, welche zu vorherigen Zeitpunkten keine Abgastests durchgeführt haben.

Ein weiteres Problem ist der Anstieg von Müll durch die Touristen. Selbst wenn jene bestrebt sind den Müll tatsächlich in Müllbehälter zu werfen, sind diese oftmals überfüllt, da die zuständigen Behörden durch den rasanten Anstieg an Touristen meist überfordert sind mit der Müllabfuhr. Somit landet viel Müll auf den Straßen, was das Gesamtbild der Orte nachträglich beeinflusst. Und dennoch steigen die Besucherzahlen an diesen Filmtourismus-Hotspots immer stärker. Besonders die Drehorte von Ausnahmeerscheinungen wie *Game of Thrones* sehen sich einem immer stärkeren Touristenwachstum gegenüber, was für die Städte langfristig zum Problem wird.

Ähnlichen Problemen steht man auch im Segment des filmischen Landschaftstourismus gegenüber. Auch diese Standorte sind von den Belastungen durch Abgasausstoß, Lärmpegel und stärkere Müllverschmutzung betroffen. Jedoch bilden sich hierbei noch weitere, zum Teil größere Probleme ab. Denn während Kulturräume, vorrangig Städte bereits umfassend vom Menschen erschlossen wurden, handelt es sich bei den Landschaftsräumen des Filmtourismus oftmals um tatsächlich so gut wie gar nicht erschlossene Regionen. Denn Filmproduzenten versuchen den Zuschauern so gut wie möglich Regionen und Orte der Welt zu zeigen, die sie noch nie vorher gesehen habe. Dadurch zieht es solche Filmproduktionen oft an sehr abgelegene Orte, welche nach der Filmproduktion wiederrum umfangreich touristisch erschlossen werden. Und das meistens ohne einen angepassten Ökoschutzplan oder schlichtweg die geringsten Schutzmaßnahmen für die Naturregionen.

Allgemeines Problem jener ist die Bodendegradierung durch die ansteigende Zahl an Touristen. Diese kennen sich meist mit den naturräumlichen Gegebenheiten nur wenig aus und übersehen zahlreiche Kleinpflanzen und Flechten. Gerade die Flechten in den Höhenlagen werden durch willkürliche Wanderwege eingeschränkt und zerstört.

Ein spezielles Problem innerhalb der Bodendegradierung ist für viele Pflanzen die starke Verdichtung des Bodens durch Wanderer und die zuströmenden Touristenmassen. Die Erde wird durch das Gewicht der Touristen immer stärker komprimiert, bis der Boden schließlich kein Regenwasser mehr aufnehmen kann. Dies stellt ein großes Problem für kleinere Pflanzen und Flachwurzler dar. Sträucher und Gräser sind jedoch nicht vollständig auf das Sickerwasser angewiesen, sondern können in geringem Maße auch Wasser über ihre Blätter aufnehmen. Das größte

Abbildung 5 Redwood Nationalpark in Kalifornien
(https://kids.nationalgeographic.com/explore/nature/redwoodnationalandst
ateparks/#redwood-forest.jpg letzter Zugriff: 12.12.2018)

Problem haben die Küstenmammutbäume des kalifornischen Redwood Nationalparks.[16] Der Nationalpark diente als Drehort für mehrere Großproduktionen in den letzten Jahren, unter anderem *Planet der Affen: Revolution* oder auch *Star Wars*.

Gerade die Fangemeinschaft der Star Wars Filme ist sehr aktiv im Bereich des Filmtourismus, was auch zu einem starken Interessensanstieg am bis dahin weniger beachteten Redwood-Nationalpark führte.

Die namensgebenden Redwood-Bäume sind wie die meisten Nadelbäume Flachwurzler und somit großflächig auf das Sickerwasser angewiesen.

Wenn diese Wasserversorgung versiegt, dann trocknen die Bäume langsam aus und sterben schließlich ab. Mit diesem schwerwiegenden Problem sieht sich momentan vor allem die kalifornische Regierung konfrontiert.

Auch auf den Naturraum Meer und Ozean hat der Filmtourismus einen starken Einfluss. So zum Beispiel löste die Erfolgsserie *Flipper*[17] in den 1970er Jahren einen regelrechten Boom im Bereich der Wal- und Delphinbeobachtung aus. Und das obwohl bis heute nicht eindeutig geklärt werden konnte, welche Auswirkungen die Schiffsgeräte wie das Sonar auf die Tiere haben. Zusätzlich verenden durch den Anstieg auch immer öfter Tiere auf offener See, weil sie in die Schiffschrauben der Beobachtungsboote geraten.

An diesen ausgewählten Beispielen kann man erkennen, dass der Filmtourismus nicht nur wirtschaftliche, sondern auch großflächige ökologische Auswirkungen haben kann, welche unter keinen Umständen vernachlässigt werden dürfen. Denn für einen positiven wirtschaftlichen Aufschwung durch den Filmtourismus muss auch die Unversehrtheit und die Erhaltung gewisser Lebensqualitäten gewährleistet werden.

5. Akteure der filminduzierten Tourismuswirtschaft

Abbildung 6 Zusammenwirken Wirtschaftsakteure (HEITMANN 2010, 37)

Bei der Betrachtung des wirtschaftlichen Potenzials von Filmtourismus für bestimmte Regionen muss man selbstverständlich auch die wirtschaftlichen Grundbedingungen und Einflussnehmer näher betrachten. Denn der geplante Filmtourismus entwickelte sich erst am Anfang des 21. Jahrhunderts, als die Reiselust größer und die Flugpreise geringer wurden. Wie bei jedem Wirtschaftssektor existieren auch hier mehrere unterschiedliche Interessensgruppen, welche jeweils unterschiedlich großen Einfluss auf die Entwicklung des

---

[16] (SAVE THE REDWOODS LEAGUE o.J. - Online)
[17] (vgl. STEINECKE 2016, 159)

Filmtourismus haben.[18] Dabei ist ein Ort filmtouristisch nur so wertvoll, wie ihn die Fans und die allgemeinen Zuschauer einschätzen. Denn die Zuschauer/Filmtouristen bilden den Kern des Filmtourismus, durch ihre Reisen beeinflussen sie stark welche Regionen und Städte davon profitieren können, und welche nicht. Dabei werden sie von verschiedenen anderen Akteuren stark beeinflusst und üben für die Inwertsetzung der Region nur die Funktion des Geldgebers aus. Aus den durch sie generierten Einnahmen können dann wieder andere Projekte zum Tourismusausbau oder zum Naturschutz gestartet werden. Die Filmtouristen üben damit einen sehr hohen passiven Einfluss auf die Destinationen aus, werden aber in Entscheidungsprozessen und Marketing nicht miteinbezogen, sondern davon nur angesprochen.

Als Zwischenstation zwischen den Touristen und dem Filmstandort fungiert das Tourismus Business.[19] Darunter fallen Reiseanbieter, Reiseblogs oder auch Reiseangebote von Konzernen ohne touristischen Schwerpunkt (z.B. Einkaufsketten wie Lidl, REAL etc.). Diese haben selbst kein Interesse an der Inwertsetzung einer Region, sondern sie wollen so gut wie möglich vom Wert dieser Standorte profitieren. Dementsprechend suchen sie nach individuellen Reiseorten, die sie potenziellen Filmtouristen anbieten können. Das können Tagestrips innerhalb einer größeren Reise sein, aber auch umfangreiche Themenreisen auf den Spuren eines bestimmten Filmes oder Franchise. Sie dienen auf der einen Seite also den Touristen als Ansprechpartner für ihre Reise, auf der anderen Seite stehen sie in engem Kontakt zu den Standorten, um mögliche Angebote auszuhandeln. Innerhalb dieses Kontaktes zu den Standorten beeinflusst das Tourismus Business diese insofern, dass sie auf der Basis von Kundenbewertungen mögliche Ausbaumöglichkeiten empfehlen. Dabei kann es sich um fehlende Informationsschilder, schlechte Infrastruktur oder auch kleinere Projekte handeln. Diese Informationen sind für die Destinationen sehr wichtig, da sie selbst meist keine direkte Rückinformation von den Touristen bekommen, was diese nun als gut oder als schlecht an der Vermarktung empfunden haben. Denn die Reiseveranstalter sind interessiert daran, eine Region immer stärker vermarkten zu können, zu der sie schon eine kommunikative und geschäftliche Verbindung hat. Dabei aber ausschließlich mit dem Ziel, noch mehr Gewinn aus der Vermittlung dieses Ortes zu generieren. Dabei ist für sie die Motivation der Touristen irrelevant, der Filmtourismus selbst dient für sie schlichtweg als Mittel zum Zweck einer breiten Vermarktungsbasis. Durch diese Wechselwirkung beeinflusst das Tourismus Business die Entwicklung von Standorten auf der Grundlage eines wirtschaftlichen Interesses.

Bei den Umsetzungen dieser Projekte ist die Interessengruppe, welche am stärksten dadurch beeinflusst wird, gleichzeitig auch die, welche am wenigsten Mitspracherecht hat. Die Rede ist dabei von den Anwohnern[20] der Stadt/Region. Sie spüren die Auswirkungen als Erstes, haben aber auf den Entscheidungsprozess keinen Einfluss. Weder ob die Filme überhaupt in ihrer Heimat spielen sollen, noch ob und wie sie anschließend vermarktet werden. Dabei

---

[18] (vgl. HEITMANN 2010, 39)
[19] (vgl. HEITMANN 2010, 37)
[20] (vgl. HEITMANN 2010, 39)

können sie allerdings bei aktiver Mitwirkung stark davon profitieren. Direkte Partizipationsmöglichkeiten bilden eine Möglichkeit, um das jeweilige Einkommen der Bewohner zu erhöhen. Dies kann durch den Verkauf von Werbeartikeln, Filmsouvenirs oder auch gastronomische Einrichtungen geschehen. Ebenso ist es für die Bewohner möglich Touren zu den Drehorten und anderen Sehenswürdigkeiten anzubieten, also den Filmtourismus zum eigenen Beruf zu machen. Diesem Metier kann jedoch nur ein bestimmter Anteil der Bevölkerung angehören, da sonst die enorme Auswahl bei Touristen eine abschreckende Wirkung hat. Hierbei muss jedoch die genaue Motivation der Filmtouristen mit einbezogen werden (siehe Kapitel 3 - Motivationen und Erwartungen der Filmtouristen), da unterschiedliche Motivationstypen auch unterschiedliche Informationen erhalten möchten. Die Anwohner profitieren aber auch indirekt durch den Ausbau der Infrastruktur, den Anstieg der Lebensqualität und durch die Sanierung von baufälligen Gebäuden mit Stadtgeldern.

Wie bereits erwähnt besitzt diese Gruppe aber so gut wie gar keinen Einfluss auf die Entwicklung und das Marketing des Filmtourismus. Von all diesen Akteuren liegt der größte Einfluss auf den Filmtourismus bei den Destination Management Organisations (DMOs)[21]. Diese Organisationen sind meistens Teil des Tourismusministerium und steuern den Tourismus im jeweiligen Land. Inzwischen haben sich jedoch viele DMOs auf die Vermarktung durch den Filmtourismus spezialisiert. DMOs reagieren nicht nur auf Filme im eigenen Land, sondern stehen in regelmäßigen Verhandlungen mit großen Filmstudios um die Drehorte. Sie bewerben sich sozusagen darum, als Drehort für einen bestimmten Film zu dienen. Somit sind sie bereits von Anfang an in alle Schritte der Filmfirmen miteinbezogen und können diese auch geringfügig steuern. Die Vermarktung des Drehortes kann also schon geplant werden, bevor der Film überhaupt veröffentlicht wird, da man ja bereits darüber informiert wurde welche Szenerie vorkommt und wie sie dargestellt wird.

Diese vier Hauptakteure, es gibt kleinräumig noch weitere, formen gemeinsam die Entwicklung des Filmtourismus in einer Region.

5.1 Grundbedingungen der DMOs an die Filmproduzenten

Wie bereits beschrieben, üben die Filmproduzenten und die DMOs gegenseitig sehr viel Druck auf den jeweils anderen aus. Beide haben ein klares Ziel, die Filmproduzenten wollen den bestmöglichen Film produzieren und die DMOs wollen durch strategische Vermarktung ihre Region bekannter und damit touristisch attraktiver machen.[22] Für diese Zusammenarbeit stellen die DMOs jedoch auch mehrere Grundbedingungen, damit in ihrer Region gedreht werden darf. Denn wenn der Regisseur in diesen Städten/Landschaften drehen will, besteht die DMOs darauf, dass der Name der Region im Film erwähnt wird. Denn nur wenn die Zuschauer auch Anhaltspunkte bekommen, wie sie diese Region finden sollen, kann es vermarktet werden. Ideal wäre ebenso die Darstellung des Drehortes auf einer Karte mit

---

[21] (vgl. HEITMANN 2010, 38)
[22] (vgl. Hotel und Touristik Nr.10 2015, 2)

kleinem Maßstab. In Folge dieser Umstände erhalten die Regionen ebenso das Recht, aktiv als Drehort Werbung machen zu dürfen. Sie dürfen also schon bereits während den Dreharbeiten spezielle Szenen vom Drehort veröffentlichen, natürliche ohne Dinge über die Handlung zu veröffentlichen. Außerdem sichern sich die Touristikorganisationen gleichzeitig auch noch das Recht, exklusiv mit den Schauspielern und dem Regisseur Interviews zu führen und diese als erstes zu veröffentlichen. Auch das gibt schon während des Entstehungsprozesses des Films ein gewisses Maß an Publicity für die Region. Wie hoch die österreichischen DMOs den Einfluss durch die Filmstudios einschätzen, erkannt man an einem Zitat des damaligen Wiener Bürgermeisters Helmut Zilk, welcher in den Verhandlungen um den Bond Film *Der Hauch des Todes* entschlossen während der Verhandlungen gesagt haben muss: „Von mir aus können sie gern die U-Bahn in die Luft sprengen."[23]

Wirtschaftlich lässt sich der touristische Einfluss nur schwer messen, als Folge der Dreharbeiten von großen Blockbuster Produktionen spricht man teilweise von 100 Millionen Euro Werbewert für die Destinationen.[24]

5.2 Vorteile für die Filmproduzenten

Bei den Verhandlungen handelt es sich größtenteils um eine aktive Partnerschaft, die Filmstudios erwarten also Gegenleistungen von den DMOs für ihre Bedingungen. Filmgesellschaften sind schließlich Einnahmeorientiert und versuchen so gut wie möglich die größtmögliche Reichweite und den daraus entstehenden maximalen Gewinn zu erreichen. Die grundlegendste Leistung der DMOs ist die Subventionierung der Dreharbeiten mit Staatsgeldern. Im Fall der James Bond Dreharbeiten in Tirol handelte es sich dabei um knapp 900.000 €[25], welche Österreich an Metro-Goldwyn-Mayer zahlte, um die Dreharbeiten nach Österreich zu holen. Weiterhin sichern die DMOs zu, die Filmproduzenten bei Genehmigungen und Bürgererlaubnissen zu unterstützen. Sie besorgen die Drehgenehmigungen an gesperrten/staatlichen Orten und gehen ins direkte Gespräch mit den Anwohnern, wenn man auf deren Privatbesitz gerne drehen würde. Diese Umstände stellen eine starke Erleichterung für die Drehcrews dar, da sie sich mit der örtlichen Bürokratie deutlich geringer beschäftigen müssen. Zusätzlich ist eine der Grundbedingungen der DMOs auch ein Vorteil für die Filmproduzenten. Denn wenn jene auf ihren Social-Media-Plattformen für die Drehorte Werbung machen, machen sie gleichzeitig auch noch Werbung für den Film an sich. Und das ist dann eine Art der Gratiswerbung, was ein nicht zu unterschätzender Faktor ist. Denn laut einer filmischen Faustregel machen die Marketingkosten rund 50% der Gesamtausgaben der Produktion aus.[26]

---

[23] (vgl. und Zitat Hotel und Touristik Nr. 10 2015, 3)
[24] (vgl. Hotel und Touristik Nr.10/2015, 3)
[25] (vgl. Horizont Nr.46 2015, 6)
[26] (WINNERS o.J. – Online)

5.3 Sonderfall Only-Theme-Destinations

In dieser wirtschaftlichen Kategorisierung des Regionalmarketings auf der Basis von Drehorten müssen auch die Only-Theme-Destinations benannt werden. Hierbei handelt es sich um Orte, an welchen der Inhalt des Films spielt, wo aber nicht gedreht wurde. Ein gutes Beispiel hierfür ist die Musicalverfilmung *Les Miserables,* basierend auf dem Buch von Victor Hugo. Die Filmhandlung spielt in Frankreich während des Juniaufstands 1832. Ein Großteil des Filmes thematisiert dabei die Hauptstadt Paris. Die Filmcrew hat jedoch in keinem Moment einen Fuß nach Paris gesetzt. Gedreht wurde der Film stattdessen in Greenwich, unteranderem auch am Royal Naval College.[27] Diesen Umstand muss man aus zwei Perspektiven betrachten. Als erstes aus Sicht von Paris. Eine Weltmetropole wie Paris, nebenbei noch in den Top 10 der Städte mit den meisten Touristen pro Jahr[28], braucht keine Inwertsetzung durch Filmprojekte. Solche Städte sind bereits touristisch so bekannt und vermarktet, dass die Werbung mit einzelnen Filmprojekten für sie nicht rentable genug wäre. Ganz im Gegenteil, wenn man Touristenattraktionen wie den Louvre oder Versailles für mehrere Tage aufgrund von Dreharbeiten schließen müsste, ist es möglich, dass die Einbußen durch den fehlenden Ticketverkauf größer sind als die Einnahmen durch die Filmvermarktung. Deswegen sind für kleinere Filmgesellschaften die Dreharbeiten in solchen Städten meist zu teuer, weswegen sie auf andere, archetektonisch ähnliche Städte in der Welt ausweichen müssen. Die andere Betrachtungsperspektive ist die der tatsächlichen Drehorte. Denn diese dienen zwar als Drehort für zum Teil bekannte Filme, dürfen damit jedoch nicht aktiv werben. Denn Filme erschaffen bei den Zuschauern gewisse Illusionen. Wenn nun Greenwich Werbung als Drehort machen würde, für einen Film der in Paris spielt, wäre die Integrität des Films stark beschädigt und die Illusion zerstört. Aus diesem Grund gibt es in den Drehverträgen sehr genaue Klauseln, inwieweit der Standort den Film vermarkten darf. Daran erkennt man sehr deutlich, dass der Faktor als Drehort zu dienen, nicht immer eine Inwertsetzung durch den Filmtourismus bedeutet.

Abbildung 7 Würzburg im Film als Double für Versailles ("Die drei Musketiere" 2011)

---

[27] http://www.movie-locations.com/movies/m/Miserables.php (Aufruf: 27.11.2018)
[28] https://www.geo.de/reisen/reise-inspiration/14905-rtkl-global-destination-cities-index-die-20-meistbesuchten-staedte (Aufruf: 28.11.2018)

6. Fallbeispiel Neuseeland

Als Basis der Betrachtung von filmtouristischer Entwicklung an einem spezifischen Ort bedarf es zunächst einer Übersicht über die dort gedrehten Filme. Im Falle von Neuseeland handelt es sich dabei um eine große Zahl, für die an dieser Stelle einige exemplarisch genannt werden. Unteranderem *King Kong* (2005), *Die Chroniken von Narnia* (2005, 2008, 2010), *Last Samurai* (2003) und auch *Mit Herz und Hand* (2005).[29] Die größte mediale Aufmerksamkeit bekam Neuseeland allerdings für zwei Trilogien, welche beide Buchverfilmungen sind und im selben fiktiven Raum spielen. Bei diesen handelt es sich einmal um die Trilogie *Der Herr der Ringe* (2001-2003) und zusätzlich um die Trilogie *Der Hobbit* (2012-2014). Beide basieren auf den Büchern von J.R.R. Tolkien, welche bereits vor der Veröffentlichung der Filme eine hohe Bekanntheit im englischsprachigen Raum hatten. Die *Der Herr der Ringe* Filme konnten an den Kinokassen insgesamt beinahe 3 Mrd. Dollar einspielen[30] und gehören damit zu den erfolgreichsten Filmreihen der Filmgeschichte[31]. Dies und der Umstand, dass beide Filmreihen ausschließlich in Neuseeland gedreht wurden, ermöglicht ein sehr großes Potenzial für die Vermarktung. Zusätzlich kann man anhand des Faktes, dass es sich bei den Drehorten um real existierende Landschaften/Städte handelt, direkt eine Kategorisierung der Filmtourismusart vornehmen. Es handelt sich somit um eine, wie in Kapitel 2.1 beschriebene, On Location. Durch den Umstand, dass es sich insgesamt um sechs vollwertige Spielfilme mit sehr hohen Einnahmen handelt, kann man schlussfolgern, dass die Filme eine hohe Fangemeinschaft besitzen. Die Filme beschreiben dabei die physische Reise mehrere, teils sehr verschiedener, Protagonisten in einer vom Krieg beeinflussten fiktiven Welt. Das ist insofern für den Filmtourismus relevant, dass dadurch ein hohes Identifikationspotenzial mit den Charakteren besteht. Denn der Zuschauer verfolgt deren Abenteuer über mehrere Filme hinweg und fühlt sich den handelnden Personen umso mehr verbunden. Die sehr große Fangemeinschaft und der hohe Identifikationsfaktor der Zuschauer mit den Protagonisten lässt darauf schließen, dass es sich bei dem auf die Filme folgenden Tourismus um vor allem fiktiv motivierten Tourismus handelt. Daraus ergibt sich auch eine ganz spezielle Erwartungshaltung der Touristen an den Ort und die Vermarktung der Drehorte. Die Besucher sind hauptsächlich an den Sets, den Entstehungsorten der Szenen und Hintergrundinformationen zu den *Herr der Ringe* (und *Der Hobbit* Filmen interessiert, welche beide im fiktiven Mittelerde spielen. Die Vermarktung Neuseelands hat sich daran orientiert und versucht, Neuseeland in vielen Punkten zu einem realen Abbild von Mittelerde werden zu lassen.

Dafür wurde ein Netzwerk aus verschiedenen Akteuren aufgebaut, deren gemeinsamen Ziel es ist, Neuseeland so gut wie möglich als Mittelerde zu vermarkten und auch darstellen zu können. Unteranderem wurde eine Kooperation mit der Fluggesellschaft NewZealand

---

[29] vgl. https://www.newzealand.com/de/film-locations/ (letzter Zugriff: 08.12.2018)
[30] https://www.focus.de/kultur/kino_tv/film-der-herr-der-ringe-trilogie-der-superlative_aid_879405.html (letzter Zugriff: 05.12.2018)
[31] http://www.filmstarts.de/filme/bildergalerien/bildergalerie-18492686/?page=26 (letzter Zugriff: 05.12.2018)

Airlines beschlossen, welche einen Teil ihrer Flugzeugflotte mit szenischen Bildern aus den Filmen bemalen ließ[32]. Weiterhin wurden auch die Sicherheitsvideos in den Flugzeugen von bekannten Schauspielern und Regisseuren Neuseelands verfilmt. Neuseeland versucht also, die Besucher schon beim Flug so gut wie möglich auf die Kulisse der Mittelerde-Filme einzustellen. Zusätzlich wurden mehrere Original-Sets von den Dreharbeiten mit staatlichen

Abbildung 8 Hobbit Dorf in Matamata (https://unsplash.com/photos/5dB9WGpJbFc letzter Zugriff: 05.12.2018)

Mitteln gekauft, restauriert und nun zu einem Besuchermagnet umfunktioniert. Ein Beispiel dafür ist das Hobbiton Movie Set im Dorf Matamata.[33]

Zusätzlich wurden noch neue Wanderwege im ganzen Land eingerichtet, zahlreiche Straßenschilder, die einen zu den Sehenswürdigkeiten führen. Gleichzeitig wurden viele neue Arbeitsplätze geschaffen, zum Beispiel als Komparsen in Kostümen um die Drehorte echt wirken zu lassen oder auch im gastronomischen Bereich wurden viele Cafés eröffnet. Man kann erkennen, dass die DMOs vor allem nach den Filmen aktiv geworden sind, mussten sie doch aufgrund Neuseelands einzigartiger Landschaft keine Werbung für Dreharbeiten machen. Auch die Bevölkerung von Neuseeland steht dem Filmtourismus sehr positiv gegenüber, denn die Kultur Neuseelands und die Kultur von Mittelerde lässt sich an vielen Punkten aufeinander projizieren. Aus diesem Grund bleibt ihre eigene Kultur erhalten und es gab gleichzeitig einen wirtschaftlichen Anstieg und einen Abstieg der Arbeitslosigkeit. Die touristischen Besucherzahlen sind direkt nach den Dreharbeiten zu den Filme stark angestiegen. Im Jahr 2001 besuchten noch 1,9 Mio. Besucher die neuseeländischen Inseln,

---

[32] http://www.spiegel.de/reise/aktuell/air-new-zealand-praesentiert-flugzeug-mit-motiven-aus-der-hobbit-a-869317.html (letzter Zugriff: 05.12.2018)
[33] https://www.newzealand.com/de/matamata/ (letzter Zugriff: 05.12.2018)

während es 2005 bereits 2,35 Mio. Touristen waren.[34] Inzwischen berichtet die neuseeländische Regierung, dass jede zehnte Arbeitsstelle auf den Inseln direkt oder indirekt vom Tourismus abhängt.[35]Nimmt man nicht nur die Zeit nach den *Der Herr der Ringe* Filmen, sondern zusätzlich noch die Trilogie *Der Hobbit* hinzu, verdankt Neuseeland diesen Produktionen im Jahr 2017 sehr viel. 18 % der inzwischen 3,5 Mio. Besucher (Stand 2017) gaben an, dass sie Neuseeland nur wegen jenen Filmen besucht haben.[36]

Allein an diesen Zahlen kann man eine klare, positive, wirtschaftliche Entwicklung Neuseelands aus dem Filmtourismus heraus erkennen. Die Kombination aus sehr erfolgreichen Filmen und einer sehr guten Vermarktung, führten in Neuseeland zu einem Aufschwung, welcher beispielhaft für die Wirkung des Filmtourismus sein kann. Eine besondere Bedeutung hat Neuseeland zusätzlich, da sie nicht nur wirtschaftlich ein Vorzeigebeispiel darstellen, sondern ebenso ökologisch.

Denn ebenso in diesem Punkt, kann Neuseeland vielen anderen Nationen als Vorbild dienen. Bereits während der Dreharbeiten stellt Neuseeland sehr genaue Forderungen bezüglich des Umweltschutzes an die Produzenten. So musste zum Beispiel eine aufwändige Stahlkonstruktion errichtet werden, auf welcher die Schauspieler und die Filmcrew laufen konnten. Dies war aus dem Grund wichtig, da in einem Nationalpark gedreht wurde, welcher eine seltene Flechtenart beheimatet[37]. Diese sollte so wenig wie möglich beeinflusst bzw. beschädigt werden. Aus diesem Grund baute man die angesprochene Stahlkonstruktion, die so wenig Berührungspunkte mit dem Boden hatte wie möglich. Auch in Neuseeland kann man einen Redwood-Wald antreffen, welcher in Kapitel 3 bereits beschrieben wurde. In Neuseeland hat man ein umfangreiches Plankensystem eingerichtet, um vor der Bodenverdichtung zu schützen, welche die große Masse von Touristen verursachen würde. Außerdem wurden auch passive Schutzmaßnahmen eingerichtet wie begrenzte Parkplätze oder Leitsysteme, welche einen zu Sehenswürdigkeiten führen, die einen weniger starken Andrang verzeichnen.

Zusammenfassend kann man für Neuseeland sagen, dass die Vermarktung der *Herr der Ringe* und *Der Hobbit* Filme sehr erfolgreich verlief. Durch ein sehr umfassendes Programm aus Investitionen und Erhalt der eigenen Landschaft konnte ein filmtouristisches Beispiel geschaffen werden, welches wirtschaftlichen Aufstieg, Zufriedenheit in der Bevölkerung und einen konkreten Schutz des Ökosystems miteinander über Jahrzehnte verbindet.

---

[34] http://www.factfish.com/de/statistik-land/neuseeland/internationaler+tourismus,+anzahl+der+ank%C3%BCnfte (letzter Zugriff: 5.11.2018)
[35] http://www.lawdownunder.de/wirtschaft-neuseeland/ (5.12.2018)
[36] https://www.verkehrsbuero.com/presse/presseinformation/hofer-reisen-neuseeland-herr-der-ringe/ (letzter Zugriff: 5.12.2018)
[37] Die zwei Türme – Bonusmaterial, Disc 2

7. Fallbeispiel Island

Ebenso wie bei der Betrachtung Neuseelands werden auch in diesem Kapitel zuerst die in Island gedrehten Filme betrachtet.

Das wären unteranderem *Prometheus* (2012), *Noah* (2014), *Thor – The Dark Kingdom* (2013) und *Interstellar* (2014). Erkennbar an dieser Auswahl, aber auch an der vollständigen Liste von Filmen, die in Island gedreht wurden, dient der Drehort Island vorrangig Filmen, welche thematisch nicht auf unserem Planenten handeln. Die karge, vulkanische Landschaft Islands wird gerne für die Darstellung anderer, lebensfeindlicher Planeten genutzt. Denn auch im Fall von Island brauchen sich die hiesigen DMOs nicht im Kampf um die Drehortwahl beteiligen, es kommen aufgrund ihrer einzigartigen Natur und ihrer beeindruckenden Landschaft die Filmproduzenten zu ihnen und bitten um Drehgenehmigung. Die Filme werden also nicht von der zuständigen Organisation im Land ausgesucht, sondern die Filmemacher suchen sich dieses Land passend zu ihren Filmen oder Serien aus. Wenn man sich auf die Filme beschränkt, handelt es sich dabei zu meist um einteilige Filme, deren klare Schwerpunkte die lebensfeindlichen Welten und dazugehörige, monumentale Landschaftspanoramas sind. Diese Kombination schränkt die Identifikation der Zuschauer mit den Charakteren und der Handlung des Films stark ein. Selbstverständlich kommt es auch in Einzelfällen zu einer starken emotionalen Bindung zu den Protagonisten, allerdings viel seltener als im Falle von mehrteiligen Filmen, deren Zentrum eine besondere Person darstellt.

Aus diesem Grund handelt es sich bei den meisten filminduzierten Besuchern Islands um sehr realistisch motivierten Tourismus. Die Touristen erwarten hier also, aufgrund ihrer Motivation, eine so realistisch wie mögliche Erfahrung zu erleben. Sie möchten keine fremden Welten entdecken oder fiktiven Charakteren möglichst nah sein, sondern wurden durch die Filme auf die beeindruckende Landschaft und Einmaligkeit Islands aufmerksam gemacht. Aus diesem Grund erwarten sie von den Touristikunternehmen nur das Nötigste eingreifen und möchten das Land allein so gut wie möglich bereisen und entdecken können. Aus Sicht der Regierung eines Landes die kostengünstigere Variante des Tourismus. Denn weder die Restaurierung von Drehsets, noch die Einrichtung von Informationsgebäuden zu den Filmen muss staatlich finanziert werden. Auf der anderen Seite beschränken sich dementsprechend auch die Lenkungsmöglichkeiten einer Regierung. Sie können keine ausgewählten Filmdestinationen stärker ausbauen, da die Verteilung der Touristen am Ende immer eigenen Präferenzen jener unterliegt. Es ist also aus politischer Sicht schwerer, die Touristenströme vorherzusagen als bei den durch die Fiktion motivierten Touristen. Diese Umstände führten dazu, dass die isländische Regierung die entstehenden Probleme im eigenen Land zu spät erkannt hat, um dem noch entgegenwirken zu können.[38] Die Exporteinkünfte aus dem Tourismus sind in den Jahren 2010-2016 stark angestiegen. 2010 entfielen noch 18% auf den Tourismus, im Jahr 2016 sind es inzwischen insgesamt 34%.[39]

---

[38] (vgl. https://www.sueddeutsche.de/wirtschaft/tourismus-insel-koller-1.3275157 (letzter Zugriff: 12.12.2018)
[39] (vgl. fvw Nr. 17/2016, 50-51)

Zudem ist es für ein bevölkerungsschwaches Land wie Island schwer, die nötigen Fachkräfte zur Verfügung zu stellen, um eine Lösung für die Bewältigung der Besuchermassen herbei zu führen. So kommt es das die vielen Touristen, angezogen durch die in Filmen gezeigte einmalige Landschaft, gleichzeitig sehr inflationär mit jener Landschaft umgehen.[40] Die fehlenden offiziellen Wanderwege werden durch dynamisch entstehende ersetzt. Dies folglich meist ohne Rücksicht auf seltene Pflanzen oder bestehende ökologische Gleichgewichte. Da die Filme Island meist als fremden Planeten darstellen, ist das Interesse der Filmtouristen an der isländischen Kultur meist sehr gering. Aus diesem Grund fürchten viele Isländer den Verlust der eigenen Identität durch die ins Land strömenden Menschenmassen.[40] Die isländische Tourismusministerin beschreibt es wie folgt:

> „Beliebte Natur-Attraktionen laufen Gefahr, überrannt zu werden. Das kurzfristige Vermieten setzt den Wohnungsmarkt unter Druck, man beschwert sich an bestimmten Orten über zu viele Besucher und schlechte Infrastruktur."[41]

So entsteht eine gewisse Vorsicht der Isländer gegen die Reisenden, was sich in einzelnen Fällen bis zum Fremdenhass entwickeln kann. Verstärkt wird dieser Umstand noch dadurch, dass aufgrund der hohen Preise, Island von vielen mit dem Rucksack bereist wird. Diese Camper campen dann, oft ohne es zu wissen, auf Privatgrundstücken oder auch geschützten Gebieten.[40] Ein Umstand, der bei Isländern sehr unbeliebt ist.

Dies ist nur ein Auszug aus den bestehenden Problemen Islands mit dem entstandenen Filmtourismus. Hinzu kommen zusätzlich noch Vandalismus, ansteigende Lebensmittelpreise, höhere Zölle und auch verstärkt Staus und Autounfälle auf der Insel[40].

Aus diesem Grund sieht sich die isländische Regierung momentan gezwungen, das Problem auf juristischem Wege zu lösen. So wurde inzwischen ein Gesetz verabschiedet, welches besagt, dass man eine schriftliche Erlaubnis all seiner Nachbarn braucht, bevor man die eigene Wohnung bei AirBnB anmelden darf. Allerdings hat das Gesetz keine erkennbaren Erfolge erzielt, so dass weitere Einschränkungen für Wohnungsvermietungen getroffen wurden.[42] Inzwischen wird in Island darüber diskutiert, ob man eine Höchstgrenze festlegen soll, wie viele Touristen jedes Jahr nach Island kommen dürfen. Denn es wurde etwas ausgelöst, was auf natürlichem Wege vorerst nicht gelöst werden kann. Und so lange die isländische Regierung keine Lösung für ihre Probleme findet, wird man weiterhin Überschriften wie diese lesen:

---

[40] (vgl. GUNNARSDOTTIR 2017)

[41] (https://www.deutschlandfunk.de/tourismusboom-auf-island-regierung-sieht-das-land-am-limit.795.de.html?dram:article_id=415387 (letzter Zugriff: 12.12.2018)

[42] (vgl. https://www.nordisch.info/island/airbnb-angebote-fuer-reykjavik-sollen-beschraenkt-werden/ (letzter Zugriff: 12.12.2018)

8. Fazit

Der Filmtourismus gehört zu jenen wissenschaftlichen Forschungsbereichen, welche mit am schwersten empirisch nachzuweisen sind. Man weiß um seine Bedeutung, man kann logisch argumentieren welche Folgen er hat, aber man kann nie alle Umstände und Eigenschaften genau empirisch belegen. Vor allem da das Prinzip des Filmtourismus sehr an die Erfolge von großen Filme gebunden sind. Aus dieser Symbiose aus Fakten und logischen Schlussfolgerungen hat sich jedoch das Bild eines Tourismuszweiges geboten, welcher langfristig das Potenzial hat, um Regionen und ganze Länder touristisch stärker in wert setzen zu können. Denn im Zentrum dieser Arbeit steht primär die Frage, welches wirtschaftliche Potenzial der Filmtourismus hat und welche Folgen und Konsequenzen mit ihm einhergehen. An den beiden Fallbeispielen Island und Neuseeland konnte nachgewiesen werden, dass der Filmtourismus tatsächlich in den meisten Fällen ein hohes Potential für die Verlagerung und den Anstieg der Wirtschaft haben kann. Dabei soll abschließend auf die Oberflächlichkeit der Betrachtung hingewiesen werden, denn es gibt noch viel mehr Einflussfaktoren, welche im Rahmen der Hausarbeit nicht betrachtet werden konnten. Jedoch müssen auch immer Einzelfälle berücksichtigt werden, wie der Sonderfall der Only-Theme-Destinations. Diese Gruppierung ist von der Inwertsetzung durch den Filmtourismus beinahe vollständig ausgeschlossen. In zukünftigen Arbeiten könnte man hier noch genauer die Gründe für vorliegende Phänomene wie die Probleme Island und auch weitere Faktoren der Wirtschaft betrachten. Es wurde aber deutlich gezeigt, dass der Anstieg der Wirtschaft nicht das einzige sein darf, was in die Bewertung des Potenzials des Filmtourismus einfließt. Viel liegt in den Händen der Standorte, inwiefern sie es schaffen die negativen Konsequenzen in Form von Umweltschäden und einem Absinken der Lebensstandards einzudämmen. Dafür ist eine so früh wie mögliche Integration in die Vermarktung der Drehorte nötig. Zusätzlich muss auch auf Basis einer Filmbeurteilung analysiert werden, welche touristischen Motivationen die Filme an diesem Drehort hauptsächlich hervorrufen werden. Nur wenn sich Regionen und Länder aktiv daran beteiligen, Jahrespläne aufstellen und ein Konzept zum Schutz der Ökosysteme einrichten, folgt auf den einsetzenden Filmtourismus eine positive Resonanz von Seiten der Bevölkerung und Touristen. Denn wenn man sich nur versucht an den Einnahmen zu beteiligen und den Filmproduzenten und Regisseuren keine Einschränkungen gibt und keine Auflagen setzt, dann kann der filminduzierte Tourismus an On Locations eine stark negative Wirkung haben. Daraus resultierend sind Proteste, Unzufriedenheit in der Bevölkerung, Unfreundlichkeit gegenüber Fremden und auch die Beeinträchtigung von Ökosystemen eine mögliche Folge des ungeplanten Filmtourismus. Diese Hausarbeit halt also summa summarum gezeigt, dass man dem Filmtourismus eine positive Bilanz hinsichtlich der wirtschaftlichen Entwicklung von Regionen zuschreiben kann. Jedoch sollten Einzelfälle wie

---

[43] (vgl. https://www.sueddeutsche.de/wirtschaft/tourismus-insel-koller-1.3275157 (letzter Zugriff: 12.12.2018)

Island zugleich auch immer Warnung für andere Drehorte sein, welche Vorrausetzungen erfüllt werden müssen um als Langzeitfolge einen ökologisch vertretbaren und positiven Filmtourismus hervorzurufen.

9. Literaturverzeichnis

100%PURE NEW ZEALAND (o.J.): Drehorte in Neuseeland. https://www.newzealand.com/de/film-locations/ (letzter Zugriff: 08.12.2018).

100%PURE NEW ZEALAND (o.J.): Matamata. https://www.newzealand.com/de/matamata/ (letzter Zugriff: 05.12.2018).

ARNOLD, G.; van LESSEN, J. (2018): Júzcar – ein „pueblo blanco" macht blau. In: Zeitschrift für Tourismuswirtschaft. DOI: 10.1515/tw-2018-0006.

BEETON, S. (2010): The Advance of Film Tourism. In: Tourism and Hospitality Planning & Development Nr. 7:1, 1-6. DOI: 10.1080/14790530903522572.

BUCHMANN, A. (2010): Planning and Development in Film Tourism: Insights into the Experience of *Lord of the Rings* Film Guides. In: Tourism and Hospitality Planning & Development Nr. 7:1, 77-84. DOI: 10.1080/14790530903522648.

FOCUS ONLINE (2012): „Der Herr der Ringe": Trilogie der Superlative. https://www.focus.de/kultur/kino_tv/film-der-herr-der-ringe-trilogie-der-superlative_aid_879405.html (letzter Zugriff: 5.12.2018).

BAUMGARDT, C.; WOON-MO, S. (2015): Die 30 weltweit erfolgreichsten Film-Reihen. http://www.filmstarts.de/filme/bildergalerien/bildergalerie-18492686/?page=26 (letzter Zugriff: 05.12.2018).

BIGALKE, S. (2016): Island versinkt in den Touristenmassen. https://www.sueddeutsche.de/wirtschaft/tourismus-insel-koller-1.3275157 (letzter Zugriff: 12.12.2018).

FACTFISH (2016): Neuseeland: Internationaler Tourismus, Anzahl der Unterkünfte. http://www.factfish.com/de/statistik-land/neuseeland/internationaler+tourismus,+anzahl+der+ank%C3%BCnfte (letzter Zugriff: 05.12.2018).

GEO Online (2016): Die 20 meistbesuchten Städte der Welt. https://www.geo.de/reisen/reise-inspiration/14905-rtkl-global-destination-cities-index-die-20-meistbesuchten-staedte (letzter Zugriff: 28.11.2018).

GIESINGER, G. (2015): Wie Österreich vom 007-Faktor profitiert. In: HORIZONT Nr. 46/2015, 6-7.

GUNNARSDOTTIR, N. (2017): 7 Dinge, die Isländer am Tourismus in Island nicht ausstehen können. https://guidetoiceland.is/de/geschichte-und-kultur/7-dinge-die-islaender-nicht-ausstehen-koennen (letzter Zugriff: 12.12.2018).

HEITMANN, S. (2010): Film Tourism Planning and Development – Questioning the Role of Stakeholders and Sustainability. In: Tourism and Hospitality Planning & Development Nr. 7:1, 31-46. DOI: 10.1080/14790530903522606.

KARPOVICH, A. (2010): Theoretical Approaches to Film-Motivated Tourism. In: Tourism and Hospitality Planning & Development Nr. 7:1, 7-20. DOI: 10.1080/14790530903522580.

LAWDOWNUNDER (2018): Wirtschaft Neuseelands. http://www.lawdownunder.de/wirtschaft-neuseeland/ (letzter Zugriff: 05.12.2018).

LEWERENZ, M. (2016): Eine TV-Serie, die Fans in Touristen verwandelt. In: fvw Nr. 17/2016, 50-51.

MOSER, N.; HASELSBERGER, C. (2014): Trend – Filmtourismus – Führt eine Filmproduktion zum Massentourismus, und wird dies zum regionalen Problem?

MOVIE LOCATIONS (2013): Les Misérables. http://www.movie-locations.com/movies/m/Miserables.php (letzter Zugriff: 27.11.2018)

MÜLLER, F. (2016): Der Set-Jet-Effekt. In: HORIZONT Nr. 2/2016, 42-43.

MÜLLER-MAHN, D. (2017): Eine Einbahnstraße? – Über Möglichkeiten der Beeinflussung von Touristifizierung am Beispiel von San Telmo, Buenos Aires. In: Geographische Zeitschrift Nr.105/2017 Heft 3-4, 249-272.

MYTHISCHES ENGLAND (o.J.): William Wallace. http://www.mystisches-england.de/mystisches-schottland/reiseinformationen-schottland/geschichte-schottland/william-wallace.html (letzter Zugriff:05.12.2018).

o.A. (2015): Die Location als Star. In: Hotel & Touristik Nr.10/2015, 14.

o.A. (2014): Filmkulissen als Tourismusmagnet. In: Omnibus Revue Nr. 11/2014, 45.

o.A. (2017): Airbnb-Angebote für Reykjavik sollen beschränkt werden. https://www.nordisch.info/island/airbnb-angebote-fuer-reykjavik-sollen-beschraenkt-werden/ (letzter Zugriff: 12.12.2018)

ROESCH, S. (2009): The Experiences of Film Location Tourists. Channel View Publications. Bristol.

SAVE THE REDWOODS LEAGUE (o.J.): The Threats to the Redwoods. https://www.savetheredwoods.org/about-us/faqs/the-threats-to-the-redwoods/ (letzter Zugriff: 18.11.2018).

SCHWEIGHOFER, T. (2015): Alpenwood. In: Hotel & Touristik Nr.10/2015, 8-15.

STEINECKE, A. (2016): Filmtourismus. UVK Verlagsgesellschaft mbH. München.

SPIEGELONLINE (2012): Hobbits heben ab. http://www.spiegel.de/reise/aktuell/air-new-zealand-praesentiert-flugzeug-mit-motiven-aus-der-hobbit-a-869317.html (letzter Zugriff: 05.12.2018).

SCHMIESTER, C. (2018): Regierung sieht das Land „am Limit". https://www.deutschlandfunk.de/tourismusboom-auf-island-regierung-sieht-das-land-am-limit.795.de.html?dram:article_id=415387 (letzter Zugriff: 12.12.2018).

VERKEHRSBÜRO GROUP (2017): Herr der Ringe-Trips nach Neuseeland boomen. https://www.verkehrsbuero.com/presse/presseinformation/hofer-reisen-neuseeland-herr-der-ringe/ (letzter Zugriff: 05.12.2018).

WEIßENBORN, C. (2017): Die Reise zum Film. In: WirtschaftsWoche Nr.50/2017, 96-70.

WELCH, A. (2017): Why an underpass in Berlin is Hollywood's biggest breakout star. In: The Guardian. https://www.theguardian.com/film/shortcuts/2017/aug/27/underpass-berlin-hollywood-messedamm-film (letzter Zugriff: 12.11.2018).

WINNERS, J (o.J.).: Film Marketing. http://winners.gmxhome.de/filmmarketing.htm (letzter Zugriff: 27.11.2018).

BEI GRIN MACHT SICH IHR WISSEN BEZAHLT

- Wir veröffentlichen Ihre Hausarbeit, Bachelor- und Masterarbeit

- Ihr eigenes eBook und Buch - weltweit in allen wichtigen Shops

- Verdienen Sie an jedem Verkauf

Jetzt bei www.GRIN.com hochladen und kostenlos publizieren